Bibliografische Information der Deutschen Nationalbibliothek:

Die Deutsche Bibliothek verzeichnet diese Publikation in der Deutschen National-
bibliografie; detaillierte bibliografische Daten sind im Internet über http://dnb.d-
nb.de/ abrufbar.

Impressum:

Copyright © 2016 GRIN Verlag, Open Publishing GmbH
Druck und Bindung: Books on Demand GmbH, Norderstedt Germany
ISBN: 9783668598225

Simon Heß

Aus der Reihe: e-fellows.net stipendiaten-wissen

e-fellows.net (Hrsg.)

Band 2638

Versuch zur Wärmepumpe

Ausarbeitung im Rahmen eines physikalischen Praktikums

Auswertung zum Versuch
des Physikalischen Praktikums
an der Hochschule München

Die Wärmepumpe

Fakultät 09 -
Wirtschaftsingenieurwesen

Datum: 06.12.2016

Ausarbeitung: Simon Heß

Gliederung

1. Ziel des Versuchs

Mithilfe eines Versuchsmodells sollen die Leistungsziffer, sowie die Wärmeverluste einer Wärmepumpe ermittelt und anschließend diskutiert werden.

2. Physikalische Grundlagen

2.1. Allgemein

2.1.1. Erster Hauptsatz der Thermodynamik

Dieser beschreibt die Energieerhaltung in thermodynamischen Systemen. Er besagt, dass in einem abgeschlossenen System die Energie erhalten bleibt. Dies bildet die Grundlage für das Aufstellen einer Energiebilanz[1].

2.1.2. Zweiter Hauptsatz der Thermodynamik

Dieser besagt u. a., dass alle Prozesse, bei denen Reibung auftritt, irreversibel sind. Außerdem gibt es keine Maschine, die Wärme zu 100% in Arbeit umwandeln kann („Perpetuum Mobile 2. Art"). Da sich thermodynamische Systeme stets ausgleichen wollen, gibt es Wärmeströme, die die Eigenschaft besitzen, sich von Bereichen mit hoher Temperatur zu Bereichen mit niedriger Temperatur zu bewegen[2].

2.1.3. Entropie

Entropie soll hier nur mit der umgangssprachlichen Beschreibung als „Maß für die Unordnung" eines Systems veranschaulicht werden. Ein System strebt immer die „maximale Unordnung" an, um die Entropie zu erhöhen und damit den Energiegehalt zu senken, was zu einem stabileren Zustand führt[3].

Daraus folgt, dass Zustandsänderung immer in Richtung maximaler Entropie und damit minimaler Energie ablaufen wollen, also wie in 2.1.2. beschrieben, von Bereichen mit hoher Temperatur zu Bereichen mit niedrigerer Temperatur.

Bei der hier behandelten Wärmepumpe jedoch soll dieser Prozess umgekehrt werden: Ein warmer Bereich soll immer wärmer, ein kalter Bereich immer kälter werden. Da der eigentliche Nutzen der warme Bereich ist, spricht man überhaupt erst von einer Wärmepumpe. Eine Kältemaschine (Kühlschrank) würde den kalten Bereich nutzen, arbeitet aber nach demselben Prinzip wie die Wärmepumpe.

2.1.4. Enthalpie

Auch hier soll die kurze Erklärung genügen, dass die Enthalpie den Energiegehalt von Stoffen beschreibt. Für eine umfangreiche physikalische Erklärung wird ebenfalls auf entsprechende Literatur verwiesen.

2.1.5. Zustandsänderungen

Für das weitere Verständnis sind folgende Begriffe für die Beschreibung von Zustandsänderungen relevant:

- „isotherm": Meint eine Zustandsänderung, bei der sich die Temperatur nicht verändert
- „isobar": Meint eine Zustandsänderung, bei der der Druck konstant bleibt
- „isochor": Meint eine Zustandsänderung, bei der das Volumen konstant bleibt
- „isentrop": Meint eine Zustandsänderung, bei der die Entropie konstant bleibt
- „isenthalp": Meint eine Zustandsänderung, bei der die Enthalpie konstant bleibt.

2.1.6. Latente Wärme

Diese tritt bei sog. Phasenänderungen auf, wenn bspw. etwas verdampft, gefroren oder verflüssigt wird. Während der Phasenänderung ändert sich nicht die Temperatur, aber dem Stoff wird dennoch Energie entzogen oder zugeführt. Erst wenn der Prozess der Phasenänderung komplett abgeschlossen ist, ändert sich wieder die Temperatur[4].

2.2. Prinzip einer Wärmepumpe

Die Aufgabe einer Wärmepumpe besteht darin, Wärme eines niedrigeren zu einem höheren Temperaturniveau zu transportieren. Damit dies gelingt wird dem System Arbeit zugeführt.

Abbildung 1: Energieflussdiagramm einer Wärmepumpe [10]

2.2.1. Realisierung

Diese soll an folgender Abbildung erklärt werden:

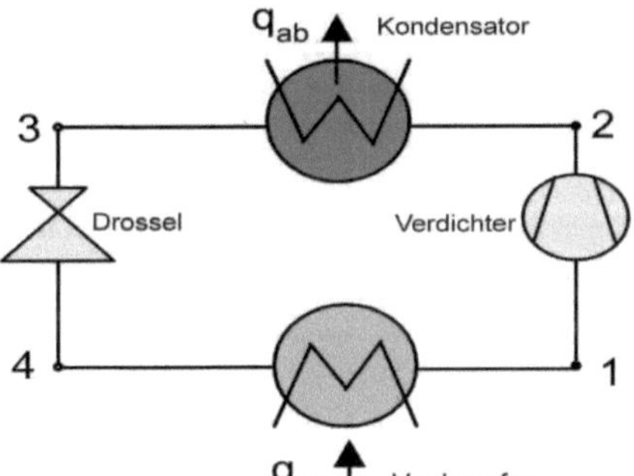

Abbildung 2: Prozess der Wärmepumpe [5]

Das Arbeitsmedium hat die Aufgabe, die Wärme von „kalt nach warm" zu transportieren. Im verwendeten Versuchsaufbau ist es ein reales Gas, welches als Kältemittel R12 bezeichnet wird; die genaue chemische Bezeichnung lautet: CCl_2F_2.

Geeignete Arbeitsmedien sind allgemein solche, die bei Wärmezufuhr unter niedrigem Druck verdampfen (geringe Siedetemperatur) und bei Wärmeabgabe unter höherem Druck wieder kondensieren.

Der Kreisprozess läuft folgendermaßen ab[8]:

(4-1)	Das Arbeitsmedium nimmt am Verdampfer Wärmeenergie auf. Es liegt hier gasförmig bei niedriger Temperatur und niedrigem Druck vor. Der niedrige Druck wird erreicht, da der Kompressor (In Abb.1 „Verdichter") das Arbeitsmedium zum Verdichten ansaugen muss (Unterdruck innerhalb des Systems).

(1-2)	Das vom Kompressor angezogene Arbeitsmedium wird in diesem nun verdichtet. Dabei steigen der Druck und damit auch die Temperatur, weil wegen des höheren Drucks bei konstantem Energiegehalt die Temperatur „zum Ausgleich" steigen muss.

(2-3)	Im Verflüssiger kondensiert das komprimierte, gasförmige Medium, wobei es Wärme abgibt

(3-4)	Das Arbeitsmedium liegt nun flüssig, aber immer noch unter hohem Druck vor. Deshalb wird es nun über eine Düse (In Abb. 1 „Drossel") entspannt, indem es wieder in den Verdampferbereich gelangt, wo ein niedrigerer Druck herrscht. Bei diesem Vorgang verdampft das Medium und der Prozess beginnt bei (4-1) von Neuem.

2.2.2. Leistungsziffer ε einer Wärmepumpe

Die Definition dafür ist, die abgeführte Wärme Q_{ab} ins Verhältnis zur investierten Arbeit W zu setzen[6]:

$$\varepsilon = \frac{|Q_{ab}|}{W} \qquad (1)$$

Wärmepumpen nutzen als Wärmequellen beispielsweise Luft oder Wärme, die unter der Erdoberfläche vorhanden ist. Unter Aufwand von Arbeit (z. B. elektrische Energie) wird die Wärmeenergie der Quelle zum Beispiel dem Heizungssystem eines Hauses zur Verfügung gestellt, also abgeführt. Dank der Wärmequelle kann aber so weitaus mehr Wärme abgeführt werden, als wenn nur die elektrische Arbeit direkt umgewandelt werden würde.

Die Leistungsziffer gibt nun an, wie viel Mal mehr (oder weniger) abgeführte Wärme zur Verfügung steht, als Arbeit von außen zugeführt wird.

$\varepsilon = 1$ bedeutet, dass genauso viel Wärmeenergie genutzt werden kann wie Arbeit investiert wird, es könnte auch gleich die Arbeit direkt in thermische Energie umgewandelt werden. Folglich ist $\varepsilon > 1$ erwünscht.

Wie später noch gezeigt wird, fällt die Leistungsziffer in dem hier durchgeführten Versuch sogar teilweise unter 1: $\varepsilon < 1$. Dies bedeutet, dass weniger nutzbare Wärmeenergie vom System abgegeben, als vom Kompressor in dieses investiert wird. Hierfür sind u. U. Messungenauigkeiten verantwortlich, aber es ist wahrscheinlicher, dass vor allem sehr hohe Verluste dazu führen.

2.2.3. Organic Rankine Cycle (ORC)

Um den Prozess der idealen Wärmepumpe zu vergleichen, wird der Organische-Rankine-Zyklus herangezogen. Dieser arbeitet ebenfalls mit einem realen (organischen) Gas, sodass er dafür gut geeignet ist. Zusätzlich wird dieser noch abgewandelt, sodass dieser Prozess „linkslaufend" ist. Dies bedeutet, dass der Prozess, wie im folgenden T-s-Diagramm dargestellt, „gegen den Uhrzeiger" läuft.

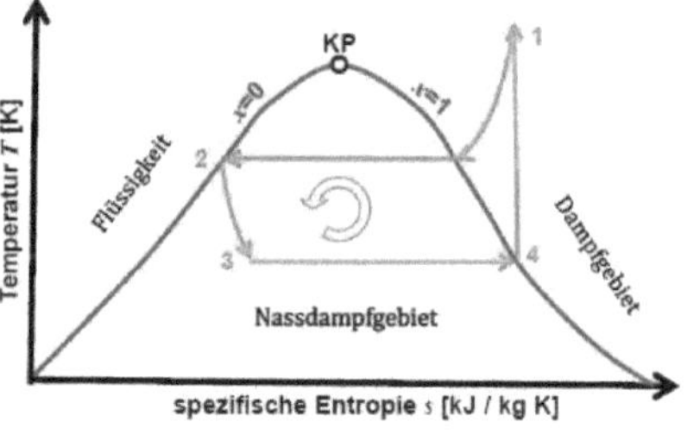

Abbildung 3: Linkslaufender ORC-Prozess im T-s-Diagramm [7]

Das Arbeitsmedium umfasst einen flüssigen, dampfförmigen, sowie gleichzeitig flüssig und dampfförmigen Bereich. Diese Bereiche werden getrennt von der Siedelinie (zwischen Flüssigkeit und Nassdampfgebiet) und von der Taulinie (zwischen Dampfgebiet und Nassdampfgebiet). Die beiden Linien treffen sich am sog. kritischen Punkt.

Folgender Prozessvorgang lässt sich beschreiben:

1-2: Isobare Abkühlung und Kondensation im Kondensator und innerhalb des Nassdampfgebietes isotherme Kondensation
2-3: Isenthalpe Entspannung über ein Düse in das Nassdampfgebiet hinein, dabei sinkt der Druck
3-4: Isobare und isotherme Verdampfung im Verdampfer
4-1: Kompressor verdichtet das Arbeitsmedium isentrop, das heißt der Druck steigt hier wieder.

Konkret verglichen werden soll später die Leistungsziffer dieses Prozesses mit der der Wärmepumpe (siehe Abschnitt 5.1.4.).

Die Leistungsziffer des ORC-Prozesses ε_{ORC} berechnet sich wie folgt[7]:

$$\varepsilon_{ORC} = \frac{|Q_{Nutz}|}{W_t} = \frac{h_1 - h_2}{h_1 - h_4} \qquad (2)$$

Im Prozessschritt 1-2 kühlt sich das Arbeitsmedium ab und gibt somit nutzbare Wärmeenergie Q_{Nutz} frei, während der Kompressor die Arbeit W_t leistet, siehe Prozessschritt (4-1). Diese beiden Werte werden aber mit Hilfe der Enthalpie-Werte bestimmt. Diese Werte lassen sich aus einem Mollier-Diagramm ablesen (siehe Abschnitt 2.2.4.).

2.2.4. Mollier-Diagramm

Der Prozess, der schon in Abb. 3 dargestellt ist, lässt sich auch in einem Mollier-Diagramm (Abb. 4) darstellen. Dabei ist auf der horizontalen Achse die Enthalpie h linear und auf der vertikalen Achse der Druck p logarithmisch aufgetragen. Innerhalb des Diagramms sind wieder Siede- und Taulinie vorhanden, die sich am kritischen Punkt vereinen, diesmal jedoch verzerrt (blaue Linie). Zu erkennen sind zudem Linien, auf denen die Temperatur (lila), das Volumen (gelb), oder die Entropie (rot) konstant sind.

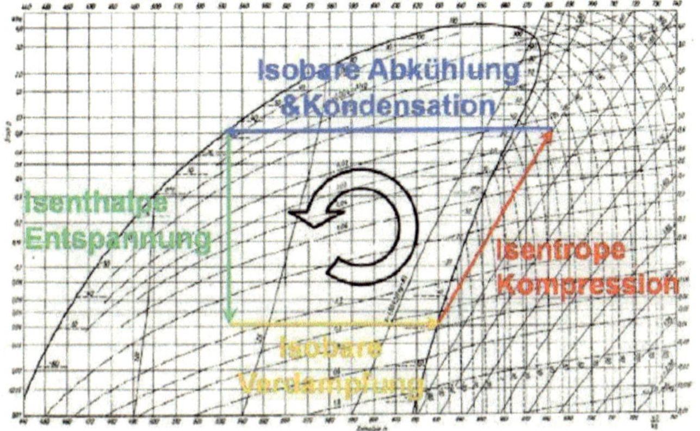

Abbildung 4: Mollier-Diagramm zur Erklärung [7]

Zeichnet man nun den ORC-Prozess in dieses Diagramm, erhält man folgendes Bild:

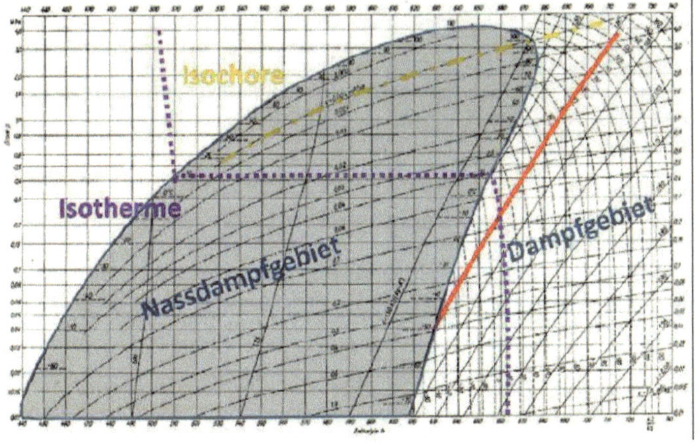

Abbildung 5: ORC-Prozess im Mollier-Diagramm [7]

3. Versuchsaufbau

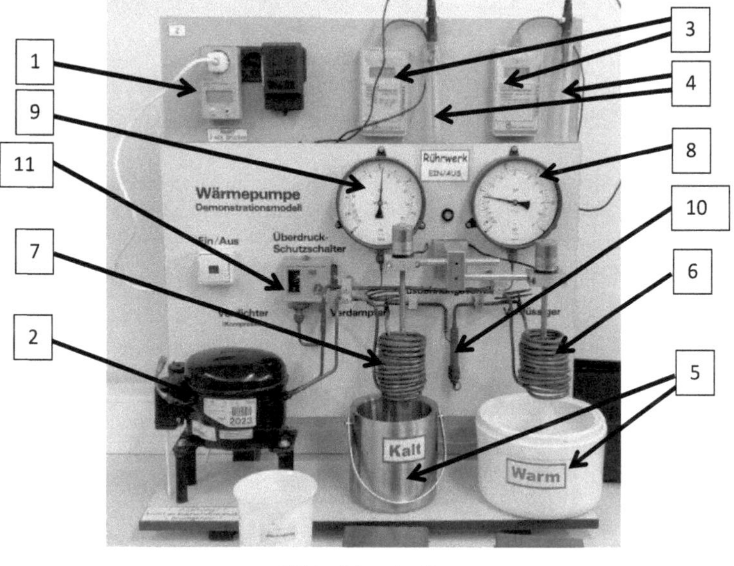

Abbildung 6: Versuchsaufbau

Das Energiemessgerät (1) misst den Verbrauch des Kompressors (2). Die Temperaturmessgeräte (3) messen mit Hilfe ihrer Fühler (4) die Wassertemperatur in den Gefäßen (5). Wenn die Gefäße mit Wasser gefüllt sind, werden die Wärmetauscher-Spiralen (6: Kondensator- bzw. Warmseite, Index 1; 7: Verdampfer- bzw. Kaltseite, Index 2) in das Wasser eingetaucht. Sie enthalten (nicht sichtbar) innerhalb der Spirale ein Rührwerk, dass z. B. auf der Kaltseite zu schnelle Eisbildung verhindern soll. Innerhalb der Spiralen befindet sich das Arbeitsmedium, dessen Druck und Temperatur über die Manometer (8: auf Kondensatorseite; 9: auf Verdampferseite; Index wie bei Wassertemperatur) abgelesen werden. Zwischen Verdampfer und Kondensator befindet sich noch eine Düse (10) zur Druckablassung. Auch ein Überdruck-Schutzschalter ist vorhanden (11), der die Wärmepumpe abschaltet, sobald der Druck eine eingestellte Grenze übertritt.

4. Versuchsdurchführung

4.1. Vorbereitung

Die Gefäße werden mit Wasser der Zimmertemperatur so voll befüllt, damit die Spiralen später komplett bedeckt werden. Mit Hilfe von kleinen Hebegeräten (in Abb. 6 ganz unten abgeschnitten sichtbar) werden die Eimer dann auf die passende Höhe gebracht. Die Spiralen müssen komplett umfüllt sein, sollen aber gleichzeitig keinen direkten Kontakt zu den Gefäßen haben. Nun kann der Strom eingeschaltet werden, sodass die Messgeräte aktiv sind, aber die Wärmepumpe noch nicht läuft. Alle Messgeräte werden nun noch zurückgesetzt, auf die passende Einheit gestellt und die Fühler ins Wasser eingetaucht.

4.2. Messungen

Bevor die Wärmepumpe aktiviert wird, werden drei Messungen durchgeführt. Erst bei der dritten Messung (t=0) wird die Wärmepumpe aktiviert, sodass ab t=1 Änderungen der Messwerte zu erkennen sind. Die Messungen werden alle im Abstand von 1,0 Minuten wiederholt. Gemessen wird:

- Die Arbeit des Kompressors W [Wh]
- Die Wassertemperatur auf Verdampferseite ϑ_2 [°C]
- Die Wassertemperatur auf Kondensatorseite ϑ_1 [°C]

- Die Temperatur des Arbeitsmediums auf Verdampferseite $\vartheta*_2$ [°C]
  (Der Druck des Arbeitsmediums auf Verdampferseite p_2 kann anhand $\vartheta*_2$ abgelesen werden und dann mit Hilfe des Atmosphärendrucks bestimmt werden [bar])
- Die Temperatur des Arbeitsmediums auf Kondensatorseite $\vartheta*_1$ [°C]
  (Der Druck des Arbeitsmediums auf Kondensatorseite p_1 kann anhand $\vartheta*_1$ abgelesen werden und dann mit Hilfe des Atmosphärendrucks bestimmt werden [bar])

4.3. Anmerkung

Eigentlich sollte der Versuch bis t=60 durchgeführt werden. Da jedoch in der 44. Minute der Überdruck-Schutzschalter auslöst und ab diesem Zeitpunkt keine großartigen Änderungen mehr erwartet werden, wird der Versuch an dieser Stelle verfrüht beendet. Die Messungen der 45. Minute beziehen sich daher auf den Zustand kurz nach dem Auslösen des Schalters, wie sich in allen folgenden Diagrammen noch erkennen lässt.

5. Zusammenstellung und Diskussion der Ergebnisse

5.1. Versuchsauswertung

5.1.1. Temperaturverläufe

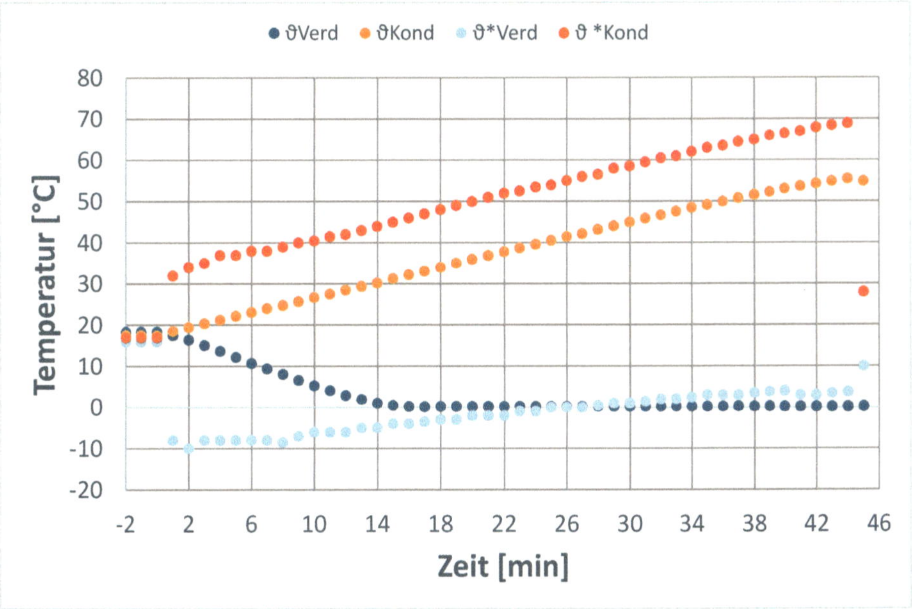

Diagramm 1: Temperaturverläufe des Wassers und des Arbeitsmediums R12

Im Diagramm 1 sind vier Verläufe zu sehen: Die Wassertemperaturen des Warmwasserbehälters ϑ_{Kond} (orange), des Kaltwasserbehälters ϑ_{Verd} (dunkelblau), sowie die Temperaturen des Arbeitsmediums R12 im Kondensator $\vartheta*_{Kond}$ (rot) und die im Verdampfer $\vartheta*_{Verd}$ (hellblau).

Da in den ersten zwei Minuten die Wärmepumpe inaktiv ist, finden sich hier konstante Werte. Zum Zeitpunkt t=0 wird die Pumpe eingeschaltet und man erkennt folgende Veränderungen nach der ersten Minute:

Zum einen einen Temperatursprung nach oben des Arbeitsmediums bzw. einen leichten Anstieg der Wassertemperatur im bzw. am Kondensator; zum anderen einen Temperatursprung nach unten des Arbeitsmediums bzw. ein ebenfalls leichtes Sinken der Wassertemperatur im bzw. am Verdampfer.

Danach steigen die Werte auf der Kondensatorseite (Index 1) kontinuierlich an. Das Wasser würde nicht erwärmt werden, würde die Arbeitstemperatur ϑ^*_1 im Kondensator unter der des Wassers ϑ_1 liegen. Daher ist gewünscht, dass stets $\vartheta_1^* > \vartheta_1$ gilt, was bei diesem Versuch – zumindest solange die Wärmepumpe aktiv ist (also bis auf letzte Messung) – auch gewährleistet ist.

Auf der Kaltseite erreicht die Wassertemperatur ϑ_2 am Verdampfer kontinuierlich einen danach konstanten Wert knapp über dem Nullpunkt, während die Arbeitstemperatur nach dem sprunghaften Temperaturabfall aus dem Negativen sogar in den positiven Temperaturbereich läuft und damit ca. ab der Hälfte des Versuchs über der Temperatur des Wassers liegt. Dies ist grundsätzlich nicht erwünscht, da nun das Wasser das Arbeitsmedium kühlt, es aber eigentlich an das Arbeitsmedium Wärme abgeben sollte. Dass die Wassertemperatur sich trotz der höheren Temperatur des Arbeitsmediums selber nicht erhöht, kann damit erklärt werden, dass das Arbeitsmedium aus der Eisbildung des Wassers immer noch Wärme ziehen kann (siehe auch Abs. 5.3.3.).

Die unerwarteten Veränderungen der Verläufe in der letzten Minute resultieren aus einer Messung, die nach dem Ausschalten der Wärmepumpe dank der Überdrucksicherung durchgeführt wird.

5.1.2. Leistungsverläufe

Bei der grafischen Darstellung der Verläufe der verschiedenen Leistungen sollen nicht die rohen Messdaten verwendet werden, sondern aus immer zwei aufeinanderfolgenden Messungen die jeweilige mittlere Leistung P des Kompressors bzw. die abgegebene und entzogene Wärmeleistung $\dot{Q}$ beim Kondensator bzw. beim Verdampfer über einer Näherung für die jeweilige zeitliche Ableitung[7] berechnet werden:

$$P(t) = \frac{dW(t)}{dt} \approx \frac{W_2 - W_1}{t_2 - t_1} \qquad (3)$$

$$\dot{Q}(t) = \frac{dQ(t)}{dt} \approx m \cdot c_w \cdot \frac{T_2 - T_1}{t_2 - t_1} \qquad (4)$$

Dabei ist

- W die elektrische Energie, die der Kompressor verbraucht [Wh]
- t der Zeitpunkt [min]
- m die Masse des Wassers [kg]
- c_w spezifische Wärmekapazität von flüssigem Wasser: $4,200\ \frac{kJ}{kg \cdot K}$
- T die Temperatur [K]

Die Wassermasse kann aus den vorliegenden Leer- und Füllgewichten der Behälter berechnet werden.

Beispielrechnungen für t = 4 min:
Zur Kompressorleistung:

$$P(4) \approx \frac{W_4 - W_3}{t_4 - t_3} \approx \frac{7,0\ Wh - 5,3\ Wh}{4,0\ min - 3,0\ min} \approx \mathbf{102,0\ W}$$

Zur Wärmeenergie:
Wassermasse auf Kalt-, Verdampferseite:

$$m_{Verd} = m_{behältervoll} - m_{behälterleer} = 2254,7g - 703,0g = 1551,7g$$

Wassermasse auf Warm-, Kondensatorseite:

$$m_{Kond} = m_{behältervoll} - m_{behälterleer} = 3045,4g - 485,1g = 2560,3g$$

⇨ Wärmeenergie Kaltseite:

$$\dot{Q}_{Verd}(4) \approx m_{Verd} \cdot c_w \cdot \frac{T_4 - T_3}{t_4 - t_3} \approx 1551,7g \cdot 4,200\ \frac{kJ}{kg \cdot K} \cdot \frac{286,8K - 288,2K}{4,0min - 3,0min} \approx \mathbf{-152,1\ W}$$

Das Ergebnis ist erwartungsgemäß negativ, weil dem Wasser Wärme entzogen wird.

Analog wäre die Rechnung zur Warmseite durchzuführen.

Die Rechnung wird in einer Tabelle ausgeführt, aus der hier ein Ausschnitt dargestellt ist:

t [min]	W [Wh]	P [W]		ϑ_2 [°C]	T2 [K]	QVerd [W]		ϑ_1 [°C]	T1 [K]	QKond [W]
-2	0			18,3	291,4			17,5	290,6	
-1	0	0,0		18,3	291,4	0,0		17,5	290,6	0,0
0	0	0,0		18,3	291,4	0,0		17,4	290,5	-17,9
1	1,9	114,0		17,5	290,6	-86,9		18,5	291,6	197,1
2	3,6	102,0		16,4	289,5	-119,5		19,5	292,6	179,2
3	5,3	102,0		15,1	288,2	-141,2		20,4	293,5	161,3
4	7	102,0		13,7	286,8	-152,1		21,2	294,3	143,4

Die sich daraus ergebende Grafik sieht folgendermaßen aus:

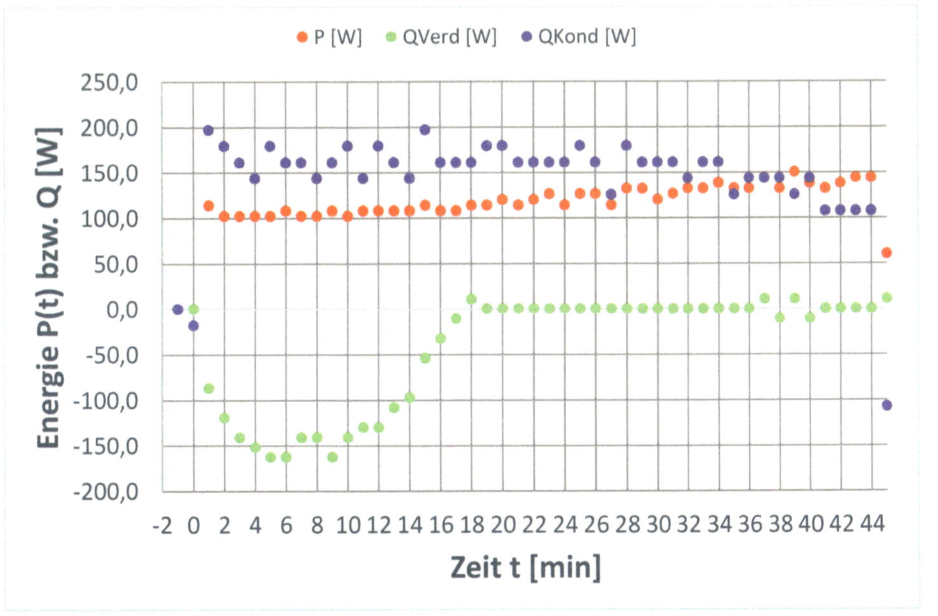

Diagramm 2: Leistungsverläufe

Zu erkennen ist, dass die Leistung des Kompressors (rot) nach einem starken Ansprung direkt nach dem Einschalten im Mittel eine leichte Steigung besitzt. Bei genauem Hinsehen erkennt man, dass diese Steigung erst ab ca. 15 Minuten deutlich wird. Dies kann zurück geführt werden auf die Eisbildung, die ab diesem Zeitpunkt etwa eingesetzt hat. Daher konnte aus dem Wasser auch deutlich weniger Wärmeenergie $\dot{Q}_{Verd}$ entzogen werden (grüner Verlauf). $\dot{Q}_{Verd}$ wird sogar 0 wird, weil die Temperaturänderung hier 0 ist (siehe Diagramm 1). Die Wärmeabgabe $\dot{Q}_{Kond}$ dagegen bleibt einigermaßen konstant mit Schwankungen und einem Absinken gegen Ende des Versuchs.

Die heftigen Veränderungen der Messungen in der letzten Minute resultieren aus einer Messung, die nach dem Ausschalten der Wärmepumpe dank der Überdrucksicherung durchgeführt wird.

5.1.3. Verlauf der Leistungsziffer

Die Leistungsziffer zum Zeitpunkt t berechnet sich aus der Formel[7]

$$\varepsilon_{real}(t) = \frac{\dot{Q}_{Warmseite}(t)}{P(t)}$$ (5)

Beispielrechnung für (5):

$$\varepsilon_{real}(4) = \frac{\dot{Q}_{Warmseite}(4)}{P(4)} = \frac{143,4\ W}{102,0\ W} = 1,4$$

Auch diese Rechnung wird mithilfe einer Tabelle umgesetzt, hier wieder ein kurzer Auszug:

t [min]	P [W]	Q1 [W]	ε real
-2			
-1	0	0,0	
0	0	-17,9	
1	114	197,1	1,7
2	102	179,2	1,8
3	102	161,3	1,6
4	102	143,4	1,4

Daraus lässt sich nun folgendes Diagramm erstellen:

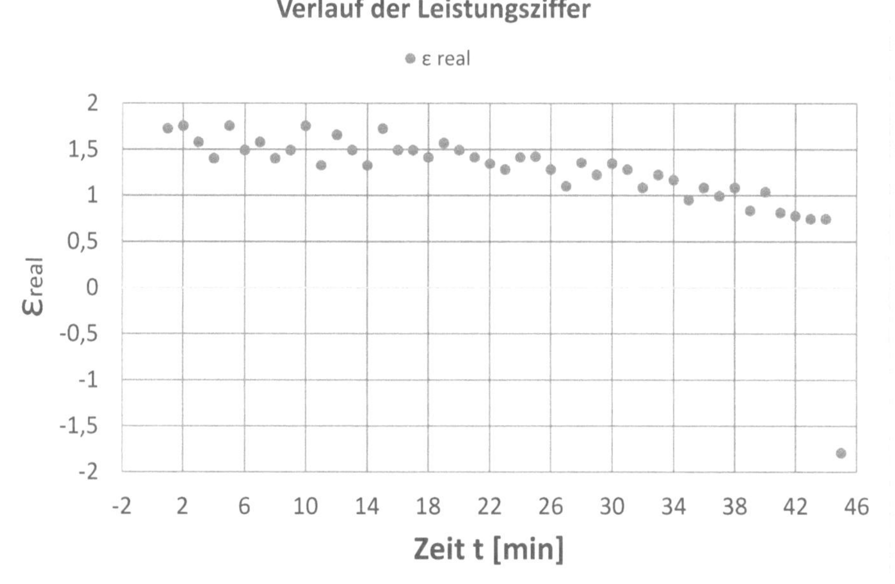

Diagramm 3: Verlauf der Leistungsziffer

Man erkennt einen fallenden Trend der Leistungsziffer. Dies bedeutet, dass relativ zur Leistungsabgabe des Kompressors die Wärmeabgabe am Kondensator immer weniger wird. In der 35. Minute fällt die Leistungsziffer sogar erstmals unter den Wert 1 (siehe Abs. 2.2.2.).

5.1.4. Vergleich mit dem ORC-Prozess

Um eine Basis für den Vergleich zwischen dem realen Wärmepumpen-Prozess und dem ORC-Prozess zu schaffen, sollen zuerst die spezifische Enthalpie jeweils zu den Zeitpunkten t_1= 5 min, t_2= 10 min, t_3= 15 min aus einem log(p)-h- Diagramm abgelesen werden. Dazu werden die Arbeitsdrücke, sowie -temperaturen des Arbeitsmediums R12 verwendet, mit Hilfe derer der Kreisprozess dargestellt werden kann. Nachdem die spezifische Enthalpie dort abgelesen werden kann (siehe Anhang: Beispiel für t_1= 5 min), geht man mit den so erlangten Werten in folgende Formel[7] ein:

$$\varepsilon_{ORC} = \frac{|Q_{Nutz}|}{W_t} = \frac{h_1-h_2}{h_1-h_4} \qquad (6)$$

Die ermittelten Werte waren konkret:

$$\varepsilon_{ORC}(\text{t=5min})= \frac{1167\frac{kJ}{kg}-1027\frac{kJ}{kg}}{1167\frac{kJ}{kg}-1149\frac{kJ}{kg}} =7{,}8$$

$\varepsilon_{ORC}(\text{t=10min})=6{,}6$

$\varepsilon_{ORC}(\text{t=15min})=7{,}2$

Diese Werte werden eingetragen in das Diagramm zu den ε_{real}- Werten:

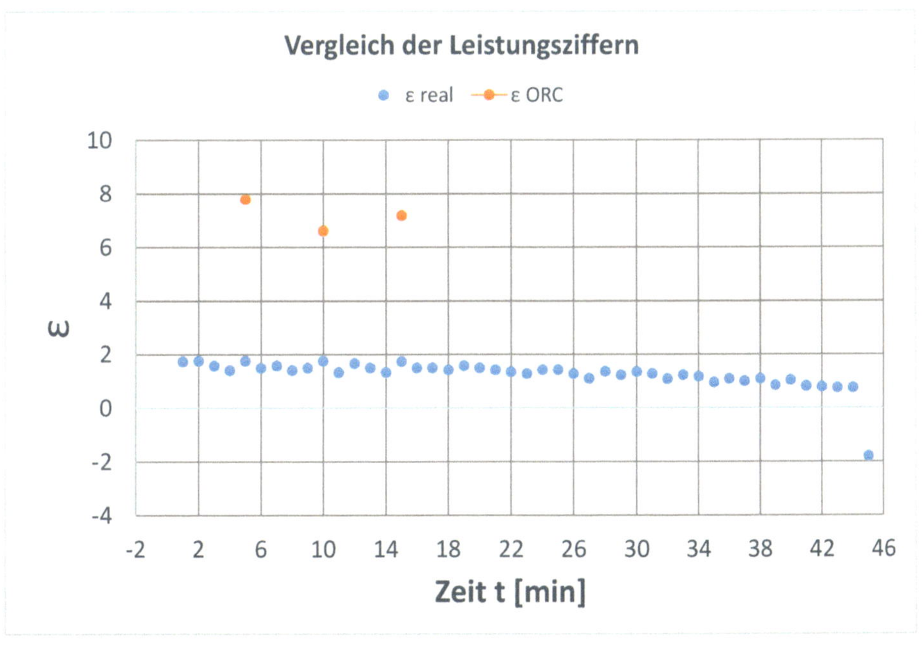

Diagramm 4: Vergleich der Leistungsziffern

Sofort ist erkennbar, dass die ε_{ORC} – Werte deutlich über den ε_{real} – Werten liegen; eine Annäherung kann nur vermutet werden. Um sich den Unterschied zu erklären, hilft es, sich die beiden Formeln für ε_{ORC} und ε_{real} noch einmal anzusehen.

Grundsätzlich verfolgen beide das gleiche Ziel: Sie wollen ein Verhältnis herstellen zwischen einer Wärmeenergie, die genutzt werden kann ($\dot{Q}_{Kond}$; Q_{Nutz}) und der Energie, die dafür vom Kompressor geleistet werden muss (P; W_t).

Jedoch errechnet sich die nutzbare Wärmeenergie bei ε_{ORC} aus den reinen Enthalpiewerten, die sich aus den einzelnen Zuständen und deren Temperatur bzw. Druck ergeben. Sie berücksichtigt aber bei den Übergängen von Zuständen keine Wärme- und Reibungsverluste, bildet also keinen realen Prozess ab, sondern einen idealen.

ε_{real} dagegen hängt von den konkreten Temperaturänderungen und Kompressorleistungen ab, was den realen Ein- und Ausgangsleistungen entspricht. Sämtliche Verluste werden hier also sichtbar.

5.2. Diskussion und Berechnungen zur Messunsicherheit

In Abschnitt 5.1.3 wurde ein Diagramm der Leistungsziffer bezogen auf die Zeit erstellt. Leistungsziffern von käuflich erwerbbaren Wärmepumpen für den Hausgebrauch[9] beispielsweise liegen zwischen 3 und 6, während die im Versuch ermittelte Zahl ständig kleiner als 2 ist; in der 35. Minute liegt der Wert sogar erstmals unter 1.

Eine Leistungszahl von unter 1 bedeutet, dass weniger Wärmeleistung abgegeben als Leistung vom Kompressor in das System investiert wird. Die Wärmepumpe arbeitet dann hochgradig ineffektiv.

Dieser Extremfall ($\varepsilon<1$), aber auch der grundsätzliche Unterschied zwischen den Leistungsziffern realer Wärmepumpen und denen des Versuchsaufbaus kann sicherlich unter anderem der erhöhten Verlustleistung der Versuchswärmepumpe zugeschrieben werden, da Wärmepumpen aus der Industrie deutlich höheren Qualitätsansprüchen genügen müssen. Materialien, Konstruktion und Fertigung sind wegen Wirtschaftlichkeit und Wettbewerb stark darauf ausgelegt, geringe Verluste und damit eine hohe Leistungsziffer zu erzeugen.

Wie sich bei dem Versuchsaufbau, aber auch allgemein die Leistungsziffer einer Wärmepumpe erhöhen lässt, wird in Abschnitt 5.3.2. erläutert.

Bevor überprüft wird, ob Messunsicherheiten zu dem deutlichen Unterschied der Leistungsziffern geführt haben, wird der Unterschied der Leistungen im Folgenden noch einmal verdeutlicht.

Dem Ersten Hauptsatz der Thermodynamik zur Folge sollte gelten, dass die über den Kondensator abgegebene Energie gleich der zugeführten Energie über Kompressor und Verdampfer ist, wenn dieser Vorgang in einem abgeschlossenem System stattfindet[7]:

$$\dot{Q}_{Kond}(t) = \dot{Q}_{Verd}(t) + P(t) \tag{7}$$

Das folgende Diagramm zeigt die linke bzw. rechte Seite der Gleichung und damit den Nutzen bzw. den Aufwand des Systems zum Vergleich:

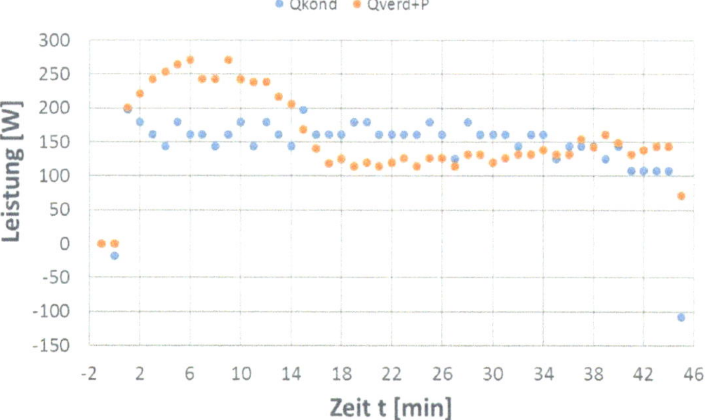

Diagramm 5: Vergleich von Nutzen und Aufwand

Wie sich auf den ersten Blick erkennen lässt, wird der Erste Hauptsatz der Thermodynamik bezogen auf ein abgeschlossenes System nicht erfüllt. Das System ist somit nicht abgeschlossen, sondern besitzt Verlustleistungen. Bis zur 14. Minute gibt es solche Verluste, die durch die deutlich höhere Aufwandskurve ($\dot{Q}_{Verd}(t) + P(t)$) sichtbar ist, es gilt bis zu diesem Zeitpunkt also $\dot{Q}_{Kond}(t) < \dot{Q}_{Verd}(t) + P(t)$.

Leider hat das Diagramm einen entscheidenden Nachteil:
Durch den Phasenübergang des Wassers von flüssig nach fest wird die Entropie des Wassers gesenkt, dabei wird diese Entropie als Wärmeenergie frei (Stichwort „Latente Wärme", Abs. 2.1.5.). Jedoch ändert sich währenddessen die Temperatur nicht mehr. In $\dot{Q}_{Verd}(t)$ führt jedoch eine Temperaturänderung = 0 ebenfalls zu einem Ergebnis von 0. Daher liegt ab der 15. Minute die Werte des Nutzens sogar über den Werten des Aufwands.

5.2.1. Maximale Messunsicherheit der Leistungen

Um die maximalen Messunsicherheiten der beteiligten Leistungen zu bestimmen, müssen erst messbedingte Unsicherheiten definiert werden. Da von allen Messwerten jeweils Differenzen gebildet werden, müssen die angenommenen Unsicherheiten zusätzlich noch jeweils addiert werden.

Hier das Berechnungsbeispiel für die Temperatur (gilt analog für die anderen Messunsicherheiten):

$$\Delta\vartheta_{xy} = \Delta\vartheta_y + \Delta\vartheta_x \tag{8}$$

$\Delta\vartheta_x$ = Messunsicherheit einer Messung

$\Delta\vartheta_{xy}$ = Unsicherheit bei einer Differenz von zwei Messungen mit Messunsicherheiten $\Delta\vartheta_x$, $\Delta\vartheta_y$

Diese Berechnung wurde für alle benötigten Größen durchgeführt:

Waage	$\Delta m =$	0,1g	➡	$\Delta m_{12} =$	0,2g
Energiemessgerät	$\Delta W =$	0,1Wh	➡	$\Delta W_{12} =$	0,2Wh=720Ws
Digitalthermometer 1	$\Delta\vartheta =$	0,1°C	➡	$\Delta\vartheta_{D12} =$	0,2°C = 0,2K
Handystoppuhr	$\Delta t =$	0,1s	➡	$\Delta t_{12} =$	0,2s
Manometer (Temp.)	$\Delta\vartheta* =$	1°C	➡	$\Delta\vartheta_{M12} =$	2°C = 2K
Manometer (Druck)	$\Delta p =$	0,1 bar	➡	$\Delta p_{12} =$	0,2 bar

Die einzelnen Messunsicherheiten werden nun in folgender Formel für die Berechnung der maximalen Unsicherheit benötigt, wobei eine Funktion f von den Messgrößen x,y und z abhängig ist:

$$\Delta\big(f(x,y,z)\big) = \left|\frac{\partial(f)}{\partial x}\right| \cdot \Delta x + \left|\frac{\partial(f)}{\partial y}\right| \cdot \Delta y + \left|\frac{\partial(f)}{\partial z}\right| \cdot \Delta z \tag{9}$$

Konkret soll diese Formel für Gleichung (4) verwendet werden:

$$\dot{Q}_k(t) \approx m \cdot c_w \cdot \frac{\vartheta_{12}}{t_{12}}$$

$$k = (\text{Kond, Verd})$$

Nun entspricht
-> die Funktion f der Funktion $\dot{Q}_k$
-> $x = m_{12} = m_2 - m_1$
-> $y = \vartheta_{12} = \vartheta_2 - \vartheta_1$
-> $z = t_{12} = t_2 - t_1$

Daraus folgt:

$$\Delta\big(\dot{Q}_k(t)\big) = \left|\frac{\partial(\dot{Q}_k(t))}{\partial m_{12}}\right| \cdot \Delta m_{12} + \left|\frac{\partial(\dot{Q}_k(t))}{\partial\vartheta_{12}}\right| \cdot \Delta\vartheta_{12} + \left|\frac{\partial(\dot{Q}_k(t))}{\partial t_{12}}\right| \cdot \Delta t_{12} \tag{10}$$

Eingesetzt und die partiellen Ableitungen bestimmt:

$$\Delta\left(\dot{Q}_k(t)\right) = \left|c_W \cdot \frac{\vartheta_{12}}{t_{12}}\right| \cdot \Delta m_{12} + \left|m_{12} \cdot c_W \cdot \frac{1}{t_{12}}\right| \cdot \Delta\vartheta_{12} +$$

$$+\left|m_{12} \cdot c_W \cdot \left(-\frac{\vartheta_{12}}{t_{12}^2}\right)\right| \cdot \Delta t_{12}$$

Beispielhaft soll nun $\Delta\left(\dot{Q}_{Kond}(t)\right)$ zum Zeitpunkt t = 4 min berechnet werden.

Hierfür benötigte Daten:

$c_W=4{,}200\ \frac{kJ}{kg\cdot K}$	$\vartheta_{12,K}=\vartheta_{t=4} - \vartheta_{t=3}=21{,}2°C - 20{,}4°C = 0{,}8°C$ „entspricht Differenz" 0,8 K	$t_{12} = 1$ min $=60s$	$m_{12,K} = m_{Kond} =2560{,}3g$

$$\Delta\left(\dot{Q}_{Kond}(4)\right) = \left|4{,}20\ \frac{kJ}{kg\cdot K} \cdot \frac{0{,}8K}{60s}\right| \cdot 0{,}2g + \left|2560{,}3g \cdot 4{,}20\ \frac{kJ}{kg\cdot K} \cdot \frac{1}{60s}\right| \cdot 0{,}2K +$$

$$+\left|2560{,}3g \cdot 4{,}20\ \frac{kJ}{kg\cdot K} \cdot \left(-\frac{0{,}8K}{(60s)^2}\right)\right| \cdot 0{,}2s =$$

$$= 0{,}0112\frac{J}{s} + 35{,}8442\frac{J}{s} + 0{,}4779\frac{J}{s} = 36\ W$$

$\Rightarrow \quad \dot{Q}_{Kond}(t = 4min) = \textbf{143 W} \ \pm\textbf{36 W}$

Analog kann diese Rechnung für $\Delta\left(\dot{Q}_{Verd}(t)\right)$ ausgeführt werden:

$c_W=4{,}200\ \frac{kJ}{kg\cdot K}$	$\vartheta_{12,V}=\vartheta_{t=4} - \vartheta_{t=3}=13{,}7°C - 15{,}1°C = -1{,}4°C$ „entspricht Differenz" $-1{,}4K$	$t_{12} = 1$ min $=60s$	$m_{12,V} = m_{Verd} = 1551{,}7g$

$$\Delta\left(\dot{Q}_{Verd}(4)\right) = \left|4{,}200\ \frac{kJ}{kg\cdot K} \cdot \frac{-1{,}4K}{60s}\right| \cdot 0{,}2g + \left|1551{,}7g \cdot 4{,}20\ \frac{kJ}{kg\cdot K} \cdot \frac{1}{60s}\right| \cdot 0{,}2K +$$

$$+\left|1551{,}7g \cdot 4{,}20\ \frac{kJ}{kg\cdot K} \cdot \left(-\frac{-1{,}4K}{(60s)^2}\right)\right| \cdot 0{,}2s =$$

$$= 0{,}0196\frac{J}{s} + 21{,}7238\frac{J}{s} + 0{,}5069\frac{J}{s} = 22\ W$$

$\Rightarrow \quad \dot{Q}_{Verd}(t = 4min) = \textbf{152 W} \ \pm\textbf{22 W}$

Um auf die Messungenauigkeit der elektrischen Leistung des Kompressors ΔP zu kommen, wird Gleichung (3) verwendet:

Die Formel für die maximale Unsicherheit dieser Gleichung lautet dann:

$$\Delta(P(t)) = \left|\frac{\partial(P(t))}{\partial W_{12}}\right| \cdot \Delta W_{12} + \left|\frac{\partial(P(t))}{\partial t_{12}}\right| \cdot \Delta t_{12} \tag{11}$$

Beispielhaft sei der Wert für t = 4min ausgerechnet:

$t_{12}= t_4 - t_3 = 1$ min $= 60s$	$W_{12} = W_4 - W_3 = 7{,}0Wh - 5{,}3Wh = 1{,}7Wh =$ 6120Ws

Einsetzen und partiell ableiten:

$$\Delta(P(4)) = \left|\frac{1}{t_{12}}\right| \cdot \Delta W_{12} + \left|\frac{W_{12}}{(t_{12})^2}\right| \cdot \Delta t_{12}$$

$$= \left|\frac{1}{60s}\right| \cdot 720Ws + \left|\frac{6120Ws}{(60s)^2}\right| \cdot 0{,}2s = 12W + 0{,}34W \approx 12W$$

$$\Rightarrow \quad P(t = 4min) = \mathbf{102W} \ \pm\mathbf{12\ W}$$

Mit den errechneten Ergebnissen für $\Delta\left(\dot{Q}_{Kond}(t)\right)$, $\Delta\left(\dot{Q}_{Kond}(t)\right)$ und $\Delta(P(t))$ kann das Diagramm IV um die Unsicherheiten ergänzt werden, indem folgende Beziehung beispielhaft an t = 4 min angewandt wird[7]:

$$\Delta\left[\dot{Q}_{Verd}(t) + P(t)\right] = \left|\Delta\dot{Q}_{Verd}(t)\right| + |\Delta P(t)| \tag{12}$$

$$\left|\Delta\dot{Q}_{Verd}(4)\right| = 22\ \text{W}$$

$$|\Delta P(4)| = 12\ \text{W}$$

$$\Delta\left[\dot{Q}_{Verd}(4t) + P(4)\right] = 22\ W + 12\ W = \mathbf{34\ W}$$

Also beträgt die Unsicherheit der rechten Seite von Gleichung (1) 34 W. Auch die Unsicherheiten der linken Seite dieser Gleichung ($\Delta\left(\dot{Q}_{Kond}(t)\right)$ wurden berechnet.

Somit ergibt sich folgendes Diagramm für (7) mit Unsicherheiten:

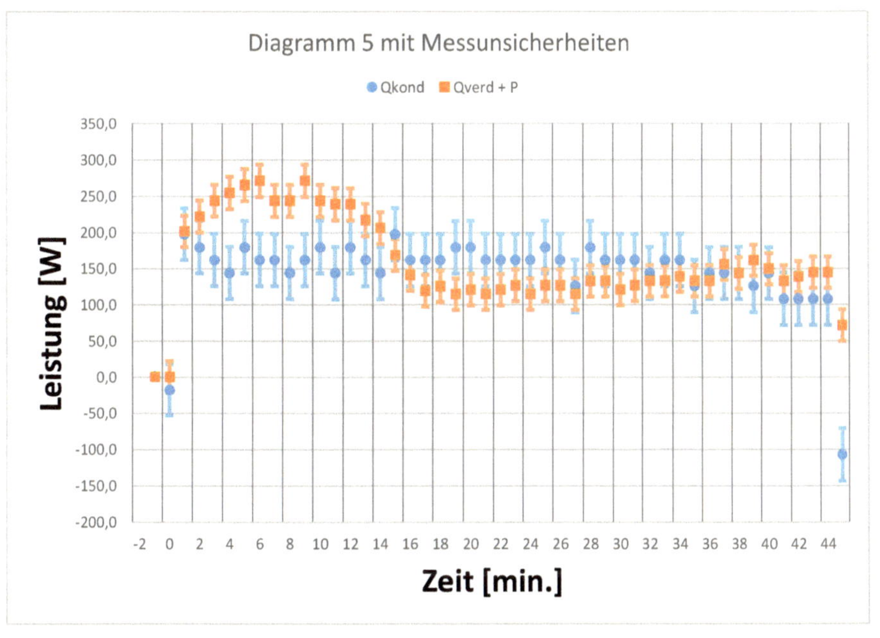

Diagramm 6: Diagramm 5 mit Messunsicherheiten

Man erkennt, dass sich in den ersten Messungen und ab der 15. Minute die Messunsicherheiten bis zum Ende ausschließlich der 19. Und 45. überschneiden. Ein Teil der Differenzen kann also tatsächlich mit Hilfe der Messunsicherheit erklärt werden. Für alle anderen Fälle jedoch müssen andere Erklärungen gefunden werden. Und auch für die Zeitpunkte, in denen es eine Überschneidung gibt, ist nicht garantiert, dass die Messunsicherheit in erster Linie dafür verantwortlich ist.

5.2.2. Mindesverlustleistung

Um weitere Erklärungen zu finden, die die großen Differenzen erklären können, soll noch der Aspekt der Mindestverlustleistung hinzugezogen werden. Die Wärmepumpe aus dem Versuch hat verschieden Stellen, an denen Energie-/Wärmeaustausch stattfinden kann, an denen er nicht zur Funktion beiträgt, also einen Verlust darstellt. Dies kann zum Beispiel an den Verbindungsrohren der Fall sein, an denen nicht isoliert wird.

Die Summe der Mindestverlustleistung kann mit folgendem Ansatz abgeschätzt werden[7]:

$$\dot{Q}_V^{min}(t) = [\dot{Q}_{Verd}(t) - \Delta\dot{Q}_{Verd}] + [P(t) - \Delta P(t)] - [\dot{Q}_{Kond} + \Delta\dot{Q}_{Kond}] \tag{13}$$

Es können nun die Werte, die im vorherigen Kapitel berechnet wurden, verwendet werden, siehe folgendes Beispiel:

$$\dot{Q}_V^{min}(4) = [152\,W - 22W] + [102W - 12W] - [143\,W + 36W]$$

$$\dot{Q}_V^{min}(4) = 41\,W$$

Die auf diesem Weg sich ergebenden Werte werden zusammen mit der relativen Mindestverlustleistung v_Q in einem Diagramm dargestellt. v_Q berechnet sich folgendermaßen[7]:

$$v_Q = \frac{\dot{Q}_V^{min}(t)}{|\dot{Q}_{Kond}| + \Delta\dot{Q}_{Kond}} \tag{14}$$

Die bekannten Werte (t=4min) werden beispielhaft in (14) eingesetzt:

$$v_Q = \frac{55W}{|143,4W| + 22W} = 33\%$$

Für alle Werte ergibt sich folgendes Diagramm:

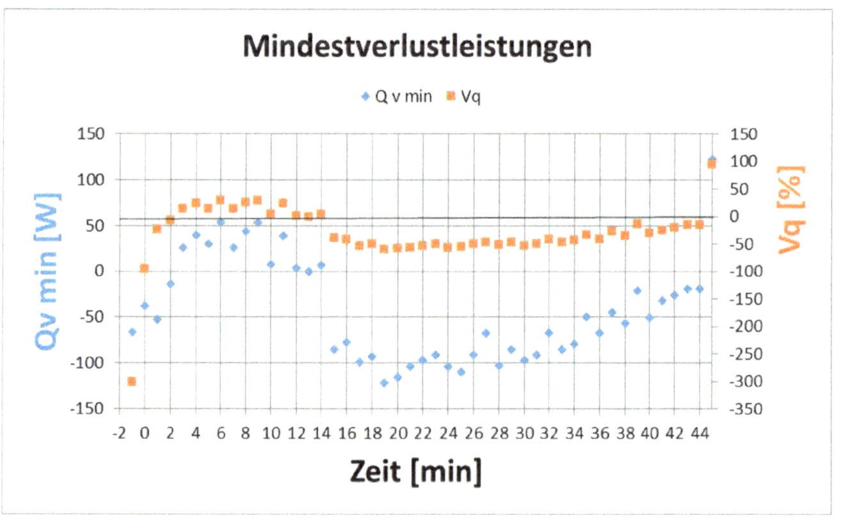

Diagramm 7: Summe der Mindestverlustleistung und relative Mindestverlustleistung

Am Anfang treten hohe Verluste auf, das zeigt sowohl die Mindestverlustleistung als auch die relative Mindestverlustleistung. Ab der Eisbildung jedoch werden die Werte negativ. Dafür gilt analog die Begründung aus 5.1.1: Würde die Entropieabnahme (und damit die Energieabgabe) des Eises mit einberechnet werden, wären die Werte vermutlich nicht negativ und man könnte eine Aussage über die Berechnung der Verlustleistung während der Eisbildung treffen.

5.3. Weitere Diskussion

5.3.1. Realistischeres Energieflussdiagramm

Das Energieflussdiagramm (Abb. 1) einer Wärmepumpe wäre realistischer, wenn von dem Wärmestrompfeil, der von T_2 nach T_1 zeigt, auch ein Wärmstrom nach außen (an die Umwelt) ginge, wenn also nicht die gesamte Energie bei T_1 landen würde. Außerdem wird nicht die gesamte vom Kompressor geleistete Arbeit in die Verdichtung gesteckt, denn auch hier treten Verluste auf. Der entsprechende Energiepfeil müsste also ebenfalls um einen „Verlustpfeil" erweitert werden.

Des Weiteren geht in der verwendeten Versuchsanlage auch Wärme aus T_1 verloren (z. B. an die Luft oder das Gefäß), was man mit einem von T_1 wegzeigenden Pfeil darstellen könnte.

5.3.2. Vorschläge zur Verbesserung der Versuchsanlage

Um die Leistungsziffer ε_{real} zu erhöhen, können beispielsweise folgende Verbesserungen an der Anlage vorgenommen werden:

- Einsatz von Wärmeisolierungen an Rohren und Gefäßwänden
- Rohre verkürzen
- Besseren Kompressor mit einer geringeren Verlustleistung verwenden
- Das Wasser auf der Kondensatorseite nicht durch äußere Luft abkühlen lassen
  - Deckel verwenden
- Größeres Volumen des Gefäßes auf Verdampferseite, aus dem mehr Wärme gewonnen werden könnte
- Den Abstand der einzelnen Ringe der Spulen vergrößern, damit sie sich nicht gegenseitig Oberfläche und damit Möglichkeit zum Wärmeaustausch „wegnehmen".

5.3.3. Eisbildung

Zum Zeitpunkt t=6min wurde zuerst Raureif an den Rohren in der Nähe der Verdampferseite bemerkt. In der 13. Minute wurde dann Eisbildung an den Rohren erkannt. Dieses Eis lagerte sich an der gesamten Spirale an, wie in Abb. 3 schön zu erkennen ist.

Im Diagramm 2 ist gut zu erkennen, dass ab etwa der 13. Minute $\dot{Q}_{Verd}$ gegen 0 geht. Hierbei bleibt für $\dot{Q}_{Verd}$ der Effekt der latenten Wärme unberücksichtigt: Es wird zwar Energie aus dem Wasser gewonnen, aber nicht mehr durch Temperaturabnahme, sondern durch „Eisbildung" (siehe Abs. 5.1.1.). Die Temperatur des Arbeitsmediums steigt aufgrund der vermehrten Wärmeaufnahme über die „Eisbildung" kontinuierlich an.

Wenn die Eisbildung stärker ausfällt, kann sie durchaus zu einer Blockade des Rührers führen.

6. Fazit

Trotz der schwierigen Verhältnisse durch hohe Verluste, konnte bei dem Versuch anfangs ein beachtenswerter Nutzen in Form von Wärmeenergie erreicht werden. Richtige Wärmepumpen, die man z. B. für die Beheizung eines Hauses verwendet, haben außerdem eine deutlich bessere Leistungsziffer, nicht zuletzt, weil Punkte wie in Abs. 5.3.2. berücksichtigt werden. Im Zuge des Kampfs gegen den Klimawandel und seine negativen Auswirkungen kann auf Wärmepumpen zurückgegriffen werden, da sie mit erneuerbaren Energien betrieben werden können und ein sehr effizientes Heizsystem darstellen.

7. Literaturverzeichnis

[1]: Stöcker, H., Taschenbuch der Physik, 5. Auflage, Verlag Harri Deutsch, Frankfurt/M. 2004

[1]: Eichler, J., Physik für das Ingenieurstudium, 5. Auflage, Verlag Springer Vieweg, Wiesbaden 2014, S. 123

[2]: Eichler, J., Physik für das Ingenieurstudium, 5. Auflage, Verlag Springer Vieweg, Wiesbaden 2014, S. 129

[3]: Eichler, J., Physik für das Ingenieurstudium, 5. Auflage, Verlag Springer Vieweg, Wiesbaden 2014, S. 132 f.

[4]: Eichler, J., Physik für das Ingenieurstudium, 5. Auflage, Verlag Springer Vieweg, Wiesbaden 2014, S. 112

[5]: Sperlich, V., Übungsaufgaben zur Thermodynamik mit Mathcad, Fachbuchverlag Leipzig, 2002

[6]: Eichler, J., Physik für das Ingenieurstudium, 5. Auflage, Verlag Springer Vieweg, Wiesbaden 2014, S. 133

[7]: Rebhan, M., Physikalisches Praktikum Experimente, https://moodle.hm.edu/mod/resource/view.php?id=186436, 06.12.2016

[8]: Versuchsanleitung WP der Fakultät 06 aus dem Jahr 2008, http://dodo.fb06.fh-muenchen.de/lab_didaktik/pdf/web-waermepumpe.pdf, 06.12.2016

[9]: heizfaktor.de, http://www.heizfaktor.de/heizung/waermepumpen/luft-wasser-waermepumpe?pricelow=1305&pricehigh=28488&sPerPage=12&p=1, 27.11.2016

[10]: eanok, http://www.eanok.de/fileadmin/bilder/erdwaerme1.jpg, 06.12.2016

Alle nicht gekennzeichneten Abbildungen/Diagramme sind selbst erstellt.

8. Anhang

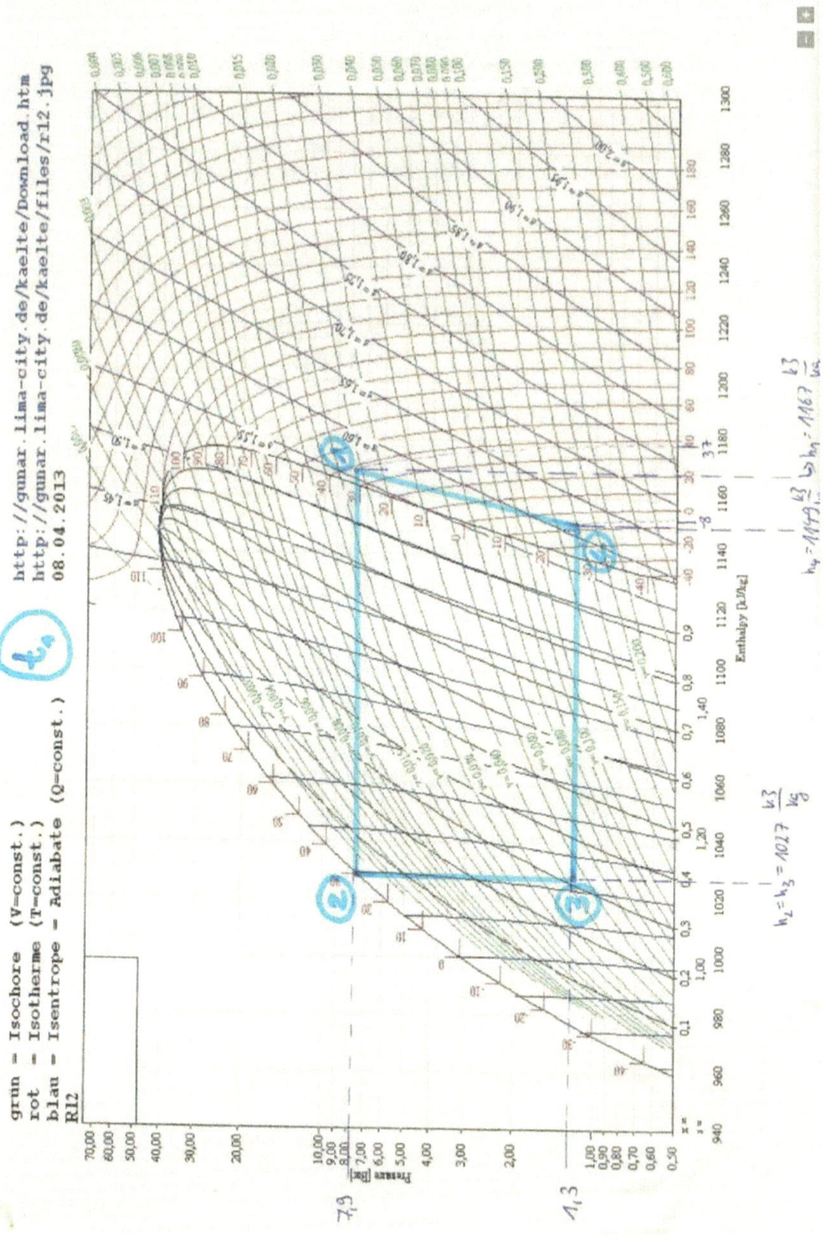

9. Original-Messprotokoll

Das Messprotokoll befindet sich auf folgenden Seiten.

Messprotokoll Wärmepumpe

Bestimmung der Leistungsziffer und der Wärmeverluste einer Wärmepumpe

Gruppe:___a10_________   Datum:_22.11.16_______

Teilnehmer: Simon Heß (Protokoll)
                     Benjamin Tegeler
                     Torben Hügle

Toleranzen der Messgeräte: Digitalthermometer $\Delta T = \pm\ 0,1$ °C

                               Manometer: $\Delta p = \pm\ 0,1$ bar

                                                       $\Delta T = \pm\ 1$ °C

                               Energiemessgerät: $\Delta W = \pm\ 0,1$ Wh

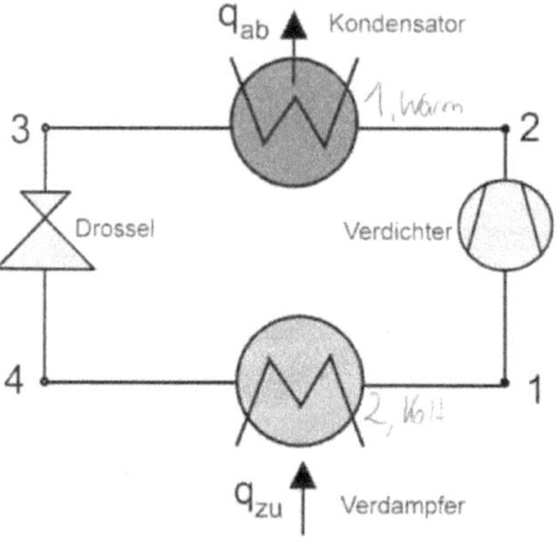

p_2	Arbeitsdruck Verdampfer
ϑ_2	Wassertemperatur Verdampfer
p_1	Arbeitsdruck Kondensator
ϑ_1	Wassertemperatur im Kondensator (Verflüssiger)
W	Energiemessgerät
ϑ^*_2	Arbeitstemperatur Verdampfer (Manometer)
ϑ^*_1	Arbeitstemperatur Kondensator (Manometer)

Abbildung 1: Schaltbild des Prozesses der Wärmepumpe

t [min]	W [Wh]	ϑ_2 [°C]	ϑ_1 [°C]	p_2 [bar]	ϑ^*_2 [°C]	p_1 [bar]	ϑ^*_1 [°C]
-2	0	18,3	17,5	4,1	16	4,2	17
-1	0	18,3	17,5	4,1	16	4,2	17
0	0	18,3	17,4	4,1	16	4,2	17
1	1,9	17,5	18,5	1,4	-8	7	32
2	3,6	16,4	19,5	1,2	-10	7,3	34
3	5,3	15,1	20,4	1,3	-8	7,5	35
4	7,0	13,7	21,2	1,3	-8	7,7	37
5	8,7	12,2	22,2	1,3	-8	7,9	37
6	10,5	10,7	23,1	1,4	-8	8,1	38
7	12,2	9,4	24,0	1,4	-8	8,2	38
8	13,9	8,1	24,8	1,5	-8,5	8,4	39
9	15,7	6,6	25,7	1,4	-7	8,5	40
10	17,4	5,3	26,7	1,45	-6	8,8	40,5
11	19,2	4,1	27,5	1,5	-6	9	41,5
12	21,0	2,9	28,5	1,55	-6	9,2	42
13	22,8	1,9	29,4	1,6	-5	9,5	43
14	24,6	1,0	30,2	1,6	-5	9,8	44
15	26,5	0,5	31,3	1,7	-4	10	45
16	28,3	0,2	32,2	1,7	-4	10,2	46
17	30,1	0,1	33,1	1,75	-3,5	10,5	47
18	32,0	0,2	34,0	1,8	-3	10,7	48
19	33,9	0,2	35,0	1,8	-3	11	49
20	35,9 ·	0,2	36,0	1,85	-2	11,2	50
21	37,8	0,2	36,9	1,9	-2	11,5	51
22	39,8	0,2	37,8	1,95	-2	11,7	52
23	41,9	0,2	38,7	1,95	-1	12	52,5
24	43,8	0,2	39,6	2	-1	12,2	53,5
25	45,9	0,2	40,6	2,05	0	12,5	54
26	48,0	0,2	41,5	2,05	0	12,8	55
27	49,9	0,2	42,2	2,1	0	13	56
28	52,1	0,2	43,2	2,15	0,5	13,5	56,5
29	54,3	0,2	44,1	2,2	1	13,6	58
30	56,3	0,2	45,0	2,2	1	13,9	58,5
31	58,4	0,2	45,5	2,25	1,5	14,1	59,5
32	60,6	0,2	46,7	2,25	2	14,5	60,5
33	62,8	0,2	47,6	2,3	2	14,8	61

34	65,1	0,2	485	2,35	2,4	15	62
35	67,3	0,2	49,2	2,4	3	15,6	63
36	69,5	0,2	50,0	2,4	3	15,5	63,5
37	71,9	0,3	50,8	2,4	3	15,8	64,5
38	74,1	0,2	51,6	2,4	3,5	16,1	65
39	76,6	0,3	52,3	2,4+	3,8	16,4	66
40	78,9	0,2	53,1	2,5	4	16,6	66,5
41	81,1	0,2	53,7	2,4	3	17	67
42	83,4	0,2	54,3	2,4	3	17,1	68
43	85,8	0,2	54,9	2,45	3,5	17,6	68,5
44	88,2	0,2	55,5	2,45	3,8	17,6	69
45	89,2	0,3	54,9	3,2	10	6	28
46							
47							
48							
49							
50							
51							
52							
53							
54							
55							
56							
57							
58							
59							
60							

Notizen:

    Leer   Voll

$m_{Wasser\ kalt} =$ $m_{Wasserbehälter\ kalt} = 703,0\,g$ $m_{Wasserbehälter\ kalt} = 2254,7\,g$

$m_{Wasser\ warm} =$ $m_{Wasserbehälter\ warm} = 485,1\,g$ $m_{Wasserbehälter\ warm} = 3045,4\,g$

Toleranz d. Waage   0,1 g

Ende (nach Versuchsende)

6. Minute: Raureif (Bild)

13. Minute: Eisbildung am Eingangsrohr (Bild)

23. Minute: Eisbildung am Ausgangsrohr

$m_{Wasser\ warm} = 3019,2\,g$

$m_{Wasser\ kalt} = 1869,5\,g$

Quellen:

Abb. 1: Von Volker Sperlich - Quelle: Volker Sperlich: "Übungsaufgaben zur Thermodynamik mit Mathcad" (2002) Fachbuchverlag Leipzig, CC BY-SA 2.0 de, https://commons.wikimedia.org/w/index.php?curid=8706765 , Abruf: 17.11.2016